essentials

Springer Essentials sind innovative Bücher, die das Wissen von Springer DE in kompaktester Form anhand kleiner, komprimierter Wissensbausteine zur Darstellungbringen. Damit sind sie besonders für die Nutzung auf modernen Tablet-PCs und eBook-Readern geeignet. In der Reihe erscheinen sowohl Originalarbeiten wie auch aktualisierte und hinsichtlich der Textmenge genauestens konzentrierte Bearbeitungen von Texten, die in maßgeblichen, allerdings auch wesentlich umfangreicherenWerken des Springer Verlags an anderer Stelle erscheinen. Die Leser bekommen „self-contained knowledge" in destillierter Form: Die Essenz dessen, worauf es als „State-of-the-Art" in der Praxis und/oder aktueller Fachdiskussion ankommt.

Ekbert Hering

Personalmanagement für Ingenieure

 Springer Vieweg

Prof. Dr. mult. Dr. h.c. Ekbert Hering
Hochschule für angewandte
Wissenschaften Aalen
Aalen, Deutschland

ISSN 2197-6708   ISSN 2197-6716 (electronic)
ISBN 978-3-658-04907-2   ISBN 978-3-658-04908-9 (eBook)
DOI 10.1007/978-3-658-04908-9

Die Deutsche Nationalbibliothek verzeichnet diese Publikation in der Deutschen National-
bibliografie; detaillierte bibliografische Daten sind im Internet über http://dnb.d-nb.de ab-
rufbar.

Springer Vieweg
© Springer Fachmedien Wiesbaden 2014

Springer Vieweg ist eine Marke von Springer DE. Springer DE ist Teil der Fachverlagsgruppe
Springer Science+Business Media
www.springer-vieweg.de

Vorwort

Dieses Werk basiert auf dem „Handbuch Betriebswirtschaft für Ingenieure" von Ekbert Hering und Walter Draeger, 3. Auflage 2000. Dieses Werk hat sich einen hervorragenden Platz als Lehrbuch für Studierende, insbesondere der Ingenieurwissenschaften, und als Standard-Nachschlagewerk für Ingenieure in der Praxis geschaffen. Die Vorteile sind die *große Praxisnähe* (das Werk wurde von Praktikern für Praktiker geschrieben), die Präsentation der *ganzen Breite des Managementwissens,* die vielen Beispiele, welche die sofortige Umsetzung in den betrieblichen Alltag ermöglichen sowie die umfangreichen Grafiken, welche die Zusammenhänge veranschaulichen. Das Kapitel Personalmanagement wurde völlig neu strukturiert und an vielen Stellen neu formuliert. Das Thema ist zum einen am Lebenslauf eines Ingenieurs orientiert: Stellensuche, Arbeit in einem Unternehmen, Karriereplanung, Führungskraft und Ausscheiden aus dem Unternehmen oder dem Arbeitsleben. Zum anderen wird in den entsprechenden Phasen auch die Sichtweise des Unternehmens einbezogen. Die neuesten Forschungsergebnisse wurden berücksichtigt und die praktischen Umsetzungsmöglichkeiten verbessert.

Inhaltsverzeichnis

Einleitung

1

Im Zentrum des Personalmanagements steht die Persönlichkeit. Diese kann durch verschiedene Ansätze beschrieben werden. Personalmanagement im Unternehmen hat immer zwei Seiten: Zum einen die Bedürfnisse der Persönlichkeit und zum anderen die Anforderungen des Unternehmens. Folgende Phasen beschreibt das Personalmanagement (Abb. 1.1):

- *Phase 1: Personalfindung*

Personen wollen in Unternehmen arbeiten und Unternehmen suchen geeignete Mitarbeiter. Dies ist die Phase der Personalfindung (Recruiting).

- *Phase 2: Personalentwicklung und Personalbindung*

Persönlichkeiten im Unternehmen wollen sich weiterentwickeln und das Unternehmen versucht, gute Mitarbeiter zu binden.

- *Phase 3: Personalfluktuation*

Persönlichkeiten verlassen das Unternehmen, entweder aus Altersgründen oder weil sie in anderen Unternehmen bessere Entwicklungs- und Karrierechancen sehen oder weil – aus Unternehmenssicht – der Mitarbeiter nicht mehr zum Unternehmen passt.

E. Hering, *Personalmanagement für Ingenieure*, essentials,
DOI 10.1007/978-3-658-04908-9_1, © Springer Fachmedien Wiesbaden 2014

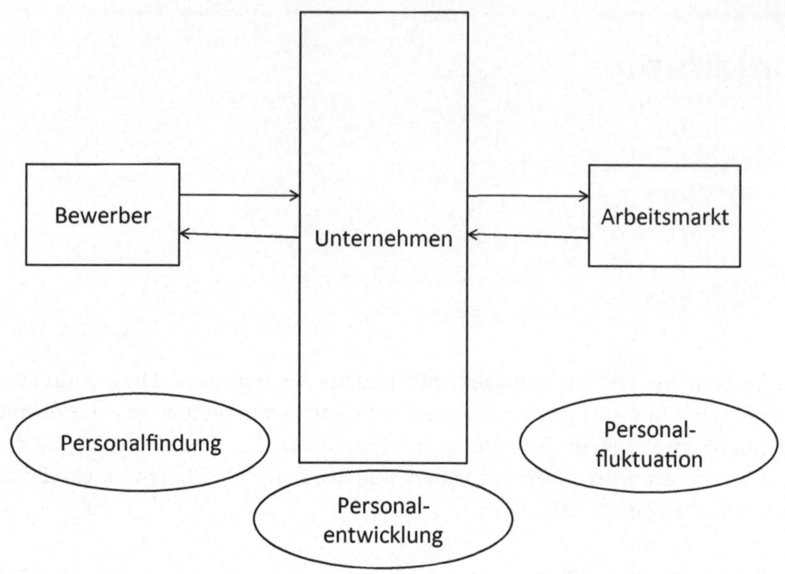

Abb. 1.1 Aufgaben des Personalmanagements (eigene Darstellung)

Persönlichkeit 2

Das Wesen einer Persönlichkeit zu erfassen, ist der Schlüssel zu einem *zufriedenen, leistungsfähigen* und *motivierten Mitarbeiter* und auch – aus Unternehmersicht – entscheidend für den Erfolg des Unternehmens. Dabei können Persönlichkeiten sowohl weisungsbefugte Mitarbeiter, als auch weisungsgebende Führungskräfte sein. In der Literatur finden sich folgende Aspekte zur Beurteilung von Persönlichkeiten:

- Motive,
- Werte,
- Hirnstrukturen,
- Denkmethoden und
- Verhalten.

Ausgehend von den Grundbedürfnissen eines Menschen (Abschn. 2.1 und Abb. 2.1) werden Persönlichkeitsmodelle mit den Ansatzpunkten Hirnstrukturen (Abschn. 2.2), Denkmethoden (Abschn. 2.3) und Verhalten (Abschn. 2.4) vorgestellt. Von besonderer Bedeutung ist das Verhaltensmodell in Abschn. 2.4, weil das Verhalten von jedermann beobachtet werden kann. Zum einen kann es deshalb sehr gut zur Eigenbeurteilung der Persönlichkeit (Stärken und Schwächen) eingesetzt werden. Zum anderen leistet es aber auch Unternehmen gute Dienste, um geeignete Mitarbeiter entsprechend des Anforderungsprofils zu finden.

2.1 Maslow-Pyramide

Der Psychologe *A. M. Maslow* hat herausgefunden, dass der Mensch ganz spezielle Bedürfnisse hat. Die Besonderheit liegt darin, dass eine *Hierarchie* der Bedürfnisse in der Weise vorliegt, dass die höheren Bedürfnisse erst dann wichtig werden, wenn

E. Hering, *Personalmanagement für Ingenieure*, essentials,
DOI 10.1007/978-3-658-04908-9_2, © Springer Fachmedien Wiesbaden 2014

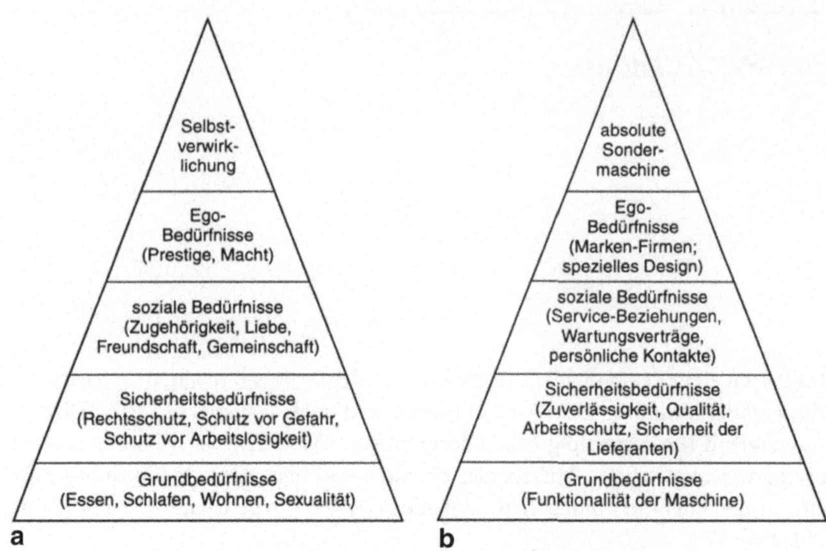

Abb. 2.1 Maslowsche Bedürfnispyramide. **a** Allgemein. **b** für ein spezielles Unternehmen. (Quelle: Hering und Draeger 2000)

die unteren (nachgeordneten) bereits weitgehend befriedigt sind. Diese Zusammenhänge zeigt die *Maslowsche Bedürfnis-Pyramide* nach Abb. 2.1 (linke Seite). Als Beipiel: Erst wenn die *Grundbedürfnisse* nach Nahrung, Schlaf, Wohnung und Sexualität weitgehend gestillt sind, treten *Sicherheitsbedürfnisse* (z. B. Schutz vor Gefahr) in den Vordergrund. Die Maslowsche Bedürfnispyramide kann auch auf ein Unternehmen, seine Sparten oder Produkte abgestimmt werden. Abbildung 2.1 (rechte Seite) zeigt dies am Beispiel einer Sondermaschine. Es ist auch einleuchtend, dass in der Regel die Produkte und Dienstleistungen umso teurer werden, je höher die Ansprüche sind, die in der Bedürfnispyramide befriedigt werden sollen.

2.2 Hirnstruktur (Schirm-Test)

Die Methode beruht auf der modernen Hirnforschung. Sie besagt, dass der Mensch im Laufe der Evolution *drei Gehirne* erworben hat:

- das *Stammhirn* aus der Zeit der Reptilien (grün),
- das *Zwischenhirn* aus der Zeit der Nagetiere (rot) und
- das *Großhirn* aus der Zeit der Säugetiere (blau).

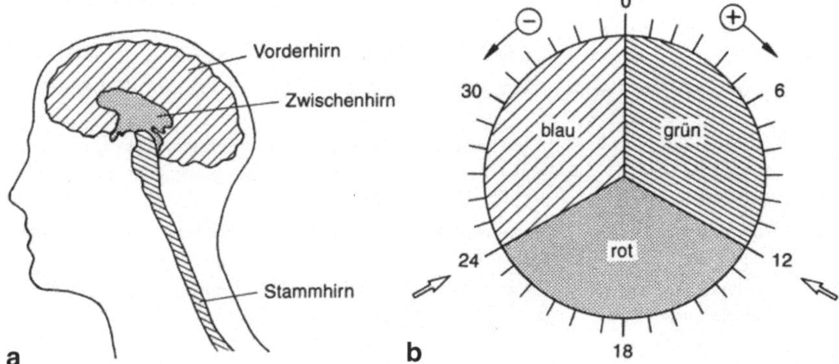

Abb. 2.2 Biostrukturanalyse nach Schirm. **a** Die drei verschiedenen Gehirne. **b** Auswertung in einem Struktogramm. (Quelle: Schirm: Die Biostrukturanalyse aus Hering und Draeger 2000)

Diesen drei Gehirnen hat *Schirm* eine passende Farbe zugeordnet und ihre Eigenschaften beschrieben (Abb. 2.2). Mit speziellen Fragen werden die Stärke der drei Farb-Komponenten ermittelt und in ein *Struktogramm* übertragen. Dabei geht man, wie Abb. 2.2 zeigt, von einer *gleichmäßigen Verteilung* aus. Je nach Typ werden dann die einzelnen Farbfelder relativ zueinander größer oder kleiner. Tabelle 2.1 zeigt die Eigenschaften der drei Farben.

Wichtig ist, dass die Farbkombinationen *keine Werturteile* über den Menschen zulassen, sondern nur seine *Eigenschaften* beschreiben. Das bedeutet: Ein dynamischer Rot-Typ kann ebenso erfolgreich sein wie ein blauer Verstandesmensch. Für die Kommunikation in einem Verkaufsgespräch bedeutet dies beispielsweise: Die bevorzugte Farbe zeigt an, auf welchen Bereichen der Käufer ansprechbar ist. Beispielsweise wird einen blauen Verstandesmenschen eine genaue Erklärung der technischen Einzelheiten einer Maschine mehr interessieren als eine Demonstration mit Erlebnis- und Schaueffekten. Tabelle 2.1 gibt dazu die entsprechenden Hinweise.

2.3 Denkmethoden (Hirn-Dominanz-Instrument; HDI)

Der amerikanische Forscher *Ned Herrmann* trug die Ergebnisse der modernen Gehirnforschung zusammen und entwickelte eine Einteilung des Gehirnes in *4 Bereiche* (Abb. 2.3a und b). Die *rechte Gehirnhälfte* ist für ganzheitliches Erfassen, Denken in Analogien und Bildern sowie Emotionen zuständig. In der *linken Ge-*

Tab. 2.1 Bedeutung der einzelnen Farben im Schirmtest. (Quelle: Schirm: Die Biostruktur-analyse aus Hering und Draeger 2000)

Farbe	Beziehung zu Menschen	Zeitverständnis	Arbeitsweise	Stärken und Schwächen
grün	leichte Kontaktaufnahme	Vergangenheit	intuitives Handeln	Gefühl für Menschen
	Ausstrahlung, Sympathie und Beliebtheit	Erfahrung nutzen	unterbewußte Signale beachten	Freundlichkeit, Ausgeglichenheit
	Interesse an Menschen	an Gewohntem orientieren		andere Menschen wollen nicht soviel Kontakt
rot	Bedürfnis nach Überlegenheit	Gegenwart	konkrete und praktikable Lösungen	mitreißender Schwung
	Kämpfernatur	sofortiges Handeln	aktiv und dynamisch	Vorschnelligkeit
	starker Wille und Autorität	Riskobereitschaft	improvisieren und probieren	Hektik und Unüberlegtheit
blau	Bedürfnis nach Distanz	Zukunft	systematisches Denken	planvolles, geduldiges Vorgehen
	zurückhaltend und abwartend	Zeiteinteilung, Planen	Erfassen von Zu-sammenhängen	überzeugen durch Nachdenken
	in sich gekehrt	Handlungsfolgen bedenken	hohes Abstrak-tionsvermögen	befangen anderen gegenüber
			Neigung zur Perfektion	Langsamkeit der Entschlüsse

hirnhälfte sind die Eigenschaften wie logisches, analytisches Denken, Sprache und Lesen zu finden (Abb. 2.3a). Werden diese beiden Hälften nochmals geteilt, so entspricht der obere Teil dem Intellekt (*cerebral*) und der untere Teil dem Verhalten (*limbisch*) (Abb. 2.3b).

Mit speziellen Fragebögen werden die Ausprägungen ermittelt und in einem Diagramm die Ergebnisse eingezeichnet. Abbildung 2.3c zeigt ein mögliches Ergebnis. Die hier beispielhaft vorgestellte Persönlichkeit hat ihre Stärken im technischen, analytischen und logischen Bereich (links oben) und im organisierten, planenden Bereich (links unten). Schwächer ausgeprägt sind die ganzheitlichen und erfinderischen Fähigkeiten (rechts oben) sowie die emotionalen und musikalischen Gaben (rechts unten). Dieses Profil zeigt die typischen Eigenschaften eines Ingenieurs.

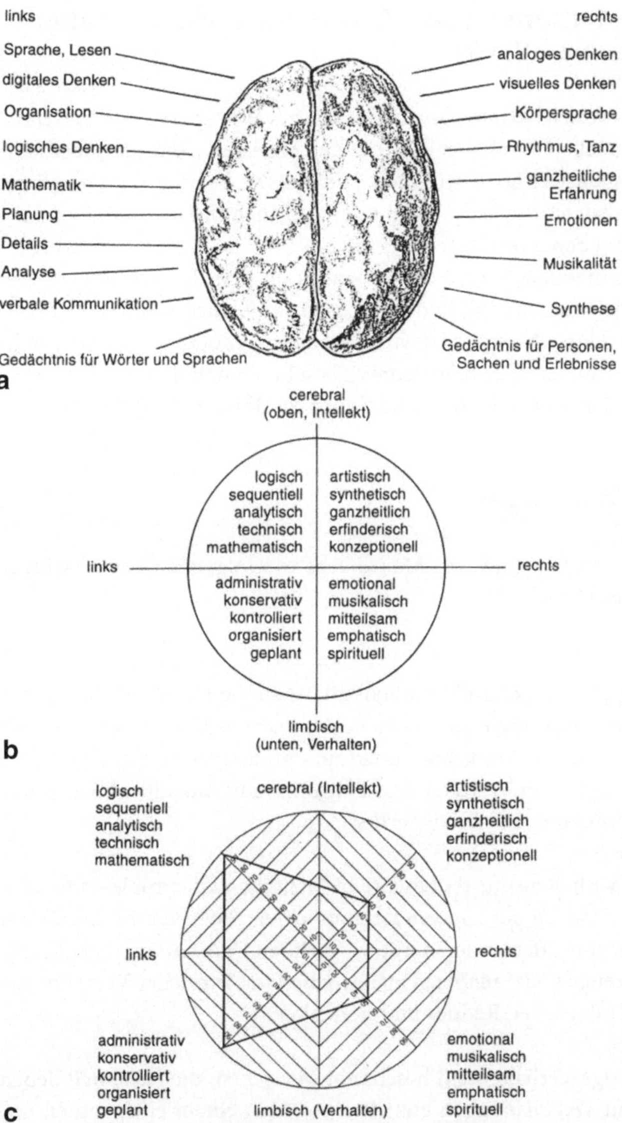

Abb. 2.3 HDI-Methode nach N. Herrmann. **a** Funktionen der beiden Gehirnhälften. **b** Eigenschaften der vier Gehirnregionen. **c** Auswertung im HDI-Diagramm. (Quelle: R. Spinola und F.D. Peschanel: Das Hirn-Dominanz-Instrument (HDI) aus Hering und Draeger 2000)

2.4   Verhaltensmodell (Dominant, Initiativ, Stetig, Gewissenhaft)

Verhaltensweisen beruhen unter anderem auf Werten. Diese wiederum werden von der individuellen Persönlichkeit und den externen Umgebungseinflüssen geprägt. Die Verhaltensweisen bestimmen persönliche Positionen und Überzeugungen. Das *Verhalten* ist *beobachtbar* und deshalb auch *messbar*. Dies ist der große Vorteil gegenüber anderen Methoden und wird im Folgenden ausführlicher behandelt. Die Zusammenhänge werden am bewährten persolog®-Verhaltens-Modell erläutert, das viele tausendmal in der Praxis erprobt wurde und heute noch in großem Umfang erfolgreich eingesetzt wird. Mit diesem Modell ist es möglich, die verschiedenen Situationen eines Ingenieurs zu beschreiben und optimale Strategien zur Bewältigung der Aufgaben in den einzelnen Funktionen zu erarbeiten.

2.4.1   Grundlagen

Das *persolog®-Persönlichkeits-Modell* geht von folgenden 4 unterschiedlichen Verhaltensweisen aus:

- *Dominant (D)*
  Menschen mit diesem Verhaltensstil lieben die *Herausforderung*, möchten *konkrete Ergebnisse* erzielen und treffen *schnelle Entscheidungen*. Sie verlangen viel von sich und anderen, sind direkt und unmissverständlich in ihrer Kommunikation. Typischer Vertreter sind Führungskräfte auf allen Ebenen, Spitzenpolitiker, Rennfahrer und Profisportler.
- *Initiativ (I)*
  Dieses Verhaltensmuster beschreibt Menschen, die Probleme nicht alleine, sondern *zusammen mit anderen* lösen möchten. Sie sind sehr *kontaktfreudig*, teilen ihre Gefühle offen anderen mit, versprühen *Optimismus*, bewirken *Begeisterung* und erzeugen eine *motivierende Atmosphäre*. Typischer Vertreter sind Moderatoren, Unterhalter, Redner und Verkäufer.
- *Stetig (S)*
  Der stetige Verhaltensstil beschreibt Menschen, die *Sicherheit* lieben, *klare Regeln* und *Vereinbarungen* einhalten sowie in einem entspannten und freundlichen Umfeld beste Leistungen erbringen. Solche Menschen können in Konflikten vermitteln, gut zuhören und sind sehr angenehm im Umgang. Sie sind meist Spezialisten in ihrem Arbeitsgebiet. Typischer Vertreter sind: Verwaltungsangestellte, Menschen im Pflegbereich und Bandarbeiter.

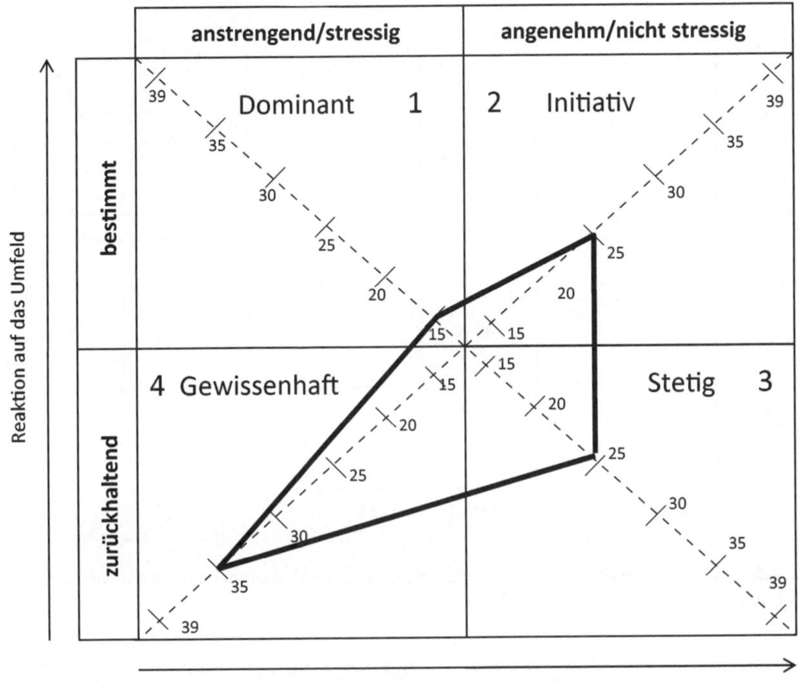

Abb. 2.4 Verhaltens-Modell nach persolog und Profil eines typischen Konstrukteurs. (Quelle: Seiwert und Gay 2013)

- *Gewissenhaft (G)*
  Menschen mit gewissenhaftem Verhalten lieben *Ordnung* und *Disziplin*, befolgen Anweisungen und beachten Vorschriften, Regeln und Normen. Diese Personen *hinterfragen* die Probleme kritisch bis ins Detail. Entscheidungen werden erst nach sorgfältiger Analyse aller relevanten Daten gefällt. Gewissenhafte Persönlichkeiten planen genau ihre Vorgehensweisen und berücksichtigen alle Einzelheiten. Typischer Vertreter sind Programmierer, Planer, Entwickler und Top-Künstler.

Die Punktwerte (1 bis 40) für die einzelnen Verhaltsweisen werden durch Fragen ermittelt und in ein Diagramm eingetragen. Abbildung 2.4 zeigt das Profil eines typischen Ingenieurs im Konstruktionsberuf. Er muss sehr gewissenhaft arbeiten (z. B. alle Normen und Anforderungen beachten), stetig sein und auch Initiativen

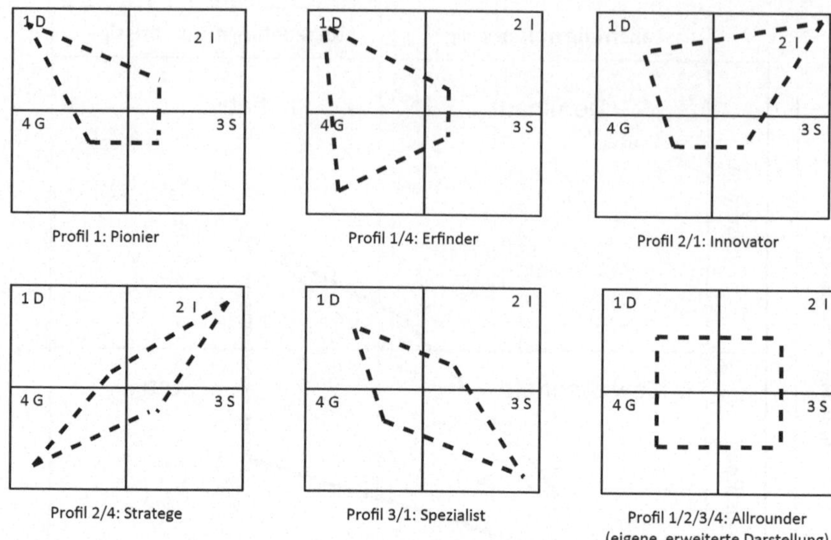

Abb. 2.5 Sechs unterschiedliche, für Ingenieure übliche Verhaltensweisen im Verhaltens-Modell nach persolog (eigene Darstellung)

ergreifen, um zu neuen, innovativen Lösungen zu kommen. Vom Wesen her ist er wenig dominant, sondern begreift sich eher als Diener einer Aufgabe.

2.4.2 Beispiele für verschiedene Verhaltenstypen

Die oben beschriebenen 4 Grundverhaltensweisen treten in den seltensten Fällen als alleiniges Verhaltensmerkmal auf. In der Praxis begegnet man vielen Möglichkeiten, wie sich die einzelnen Ausprägungen „mischen". In Abb. 2.5 sind 6 Verhaltensprofile zusammengestellt, wie sie für Ingenieure üblich sind. Zur Kennzeichnung der Profile werden die Nummern der Quadranten verwendet, wobei die erste Ziffer die Hauptausprägung angibt und die zweite Ziffer die weitere Ausprägung beschreibt.

- *Pionier und Sanierer (Profil: 1)*
  Hier ist ausschließlich eine *hohe Dominanz* zu spüren. Wie bereits in Abschn. 2.4.1 erläutert, werden damit Menschen beschrieben, die Herausforderungen lieben, entscheidungs- und risikofreudig sind sowie Chancen erkennen und Prioritäten setzen. Diese Mitarbeiter sind *Pioniere* oder als Führungskräfte *Sanierer*, weil sie mit aller Kraft neue Ideen in ihrem Gebiet verfolgen oder ein

Unternehmen kraftvoll verändern müssen, um dieses auf eine neue Erfolgsspur zu bringen.

- *Erfinder (Profil: 1/4)*
Diese Menschen sind ebenfalls dominant, d. h. sie gehen kraftvoll neue Wege. Aber sie sind auch gewissenhaft, weil sie die technischen Lösungen kritisch bis in alle Einzelheiten durchdenken.

- *Innovator und Überzeuger (Profil: 2/1)*
Innovatoren versuchen, andere Menschen für ihre Ideen zu begeistern und ergreifen dazu die Initiative. Sie sind der festen Meinung, dass neue Produkte oder neue erfolgversprechende Ansätze nur im Team erfolgreich entstehen können. Sie sind dann aber auch dominant, indem sie versuchen werden, die Erkenntnisse mit aller Kraft durchzusetzen, aber immer im sozialen Kontext mit ihrer Umgebung (z. B. Vorgesetzten, Betriebsrat).

- *Stratege (Profil: 2/4)*
Der Stratege ist initiativ, d. h. er erwägt viele Handlungsmöglichkeiten, um sein Ziel zu erreichen. Diese verschiedenen Alternativen werden gewissenhaft bewertet und analysiert, bevor eine bestimmte Maßnahme ergriffen wird.

- *Spezialist (Profil: 3/1)*
Solche Menschen widmen sich klar umrissenen Aufgaben, auf die sie sich konzentrieren. Sie sind gute Zuhörer und versuchen, ihre Anforderungen und die Aufgaben klar zu erfassen. Spezialisten lieben es, ihre Aufgaben in Ruhe und Sorgfalt zu erledigen. Wegen ihrer Spezial-Kenntnisse sind sie auf ihrem Gebiet häufig Know-how-Träger, die deshalb bei Fachgesprächen sehr dominant auftreten können.

- *Allrounder (Profil: 1/2/3/4)*
Diese Menschen gibt es tatsächlich, wenn auch ziemlich selten: Sie haben von allen Verhaltensweisen eine gute Portion: Sie sind in gewissen Bereichen dominant, initiativ, stetig und gewissenhaft. Diese Persönlichkeiten bringt nichts aus der Ruhe, sie haben für alles Verständnis, verstehen Zusammenhänge und können in gewissem Umfang überall eingesetzt werden. Solche Allrounder sind unglaublich wichtige Stabilisatoren im hektischem Umfeld und in Umbrüchen.

Die oben geschilderten Profile beschreiben das Verhalten unterschiedlicher Menschen mit ihren Stärken und auch ihren Schwächen. Für die folgenden Betrachtungen ist wichtig, dass

- die einzelnen *Mitarbeiter* oder Bewerber ihre persönlichen *Stärken* und *Schwächen* kennen, dass

- das *Unternehmen* sich genau überlegt, welche Mitarbeitertypen für die entsprechenden Aufgaben und Ziele geeignet sind und dass

- im *Führungsbereich* eine Mischung aus allen 4 Ausprägungen ein Unternehmen erfolgreich machen wird (*Team-Design*, Abschn. 4.5.2).

Personaleintritt 3

Wie Abb. 1.1 zeigt, geht es im ersten Schritt um den Eintritt von Bewerbern in ein Unternehmen oder um die Suche von geeigneten Mitarbeitern für ein Unternehmen. Dies wird im folgenden Abschnitt erläutert. Dabei wird einschränkend festgelegt, dass es sich um technisch oder naturwissenschaftlich ausgebildete Mitarbeiter handelt, die nicht selbständig tätig sind.

3.1 Bewerbung

Ist die Ausbildung abgeschlossen, dann fängt die Phase der Bewerbung an. In Abb. 3.1 ist aufgezeigt, in welchen Schritten eine Bewerbung erfolgreich sein wird.

1. *Schritt: Feststellen der Stärken und Schwächen*

Die Stärken und die Schwächen sollten in zwei Dimensionen ermittelt werden:

- *Erworbene Kompetenzen*
  In Abb. 3.2 sind die entsprechenden Kompetenzfelder zusammengestellt. Während die *Fachkompetenz* die für konkrete Aufgaben nötigen Kenntnisse und Fertigkeiten darstellt, zeigt die *Methodenkompetenz* die Fähigkeit, für fachübergreifende Probleme Lösungs- und Entscheidungen sicher treffen zu können. Die Fach- und die Methoden-Kompetenz bestimmen im Wesentlichen die Arbeitsfelder des Bewerbers. Denn nur, wenn er für die ausgeschriebene Stelle die entsprechenden fachlichen und methodischen Anforderungen erfüllt, kann er seine Aufgaben für ein Unternehmen und für sich selbst erfolgreich erfüllen. Die *soziale Kompetenz* wird zunehmend wichtiger für die eigene Persönlichkeit, aber vor allem bei der Auswahl für die Unternehmen. Sie zeigt, ob der Bewerber sich bereits im sozialen Bereich engagiert hat (z. B. Feuerwehr. Rotes Kreuz oder

E. Hering, *Personalmanagement für Ingenieure*, essentials,
DOI 10.1007/978-3-658-04908-9_3, © Springer Fachmedien Wiesbaden 2014

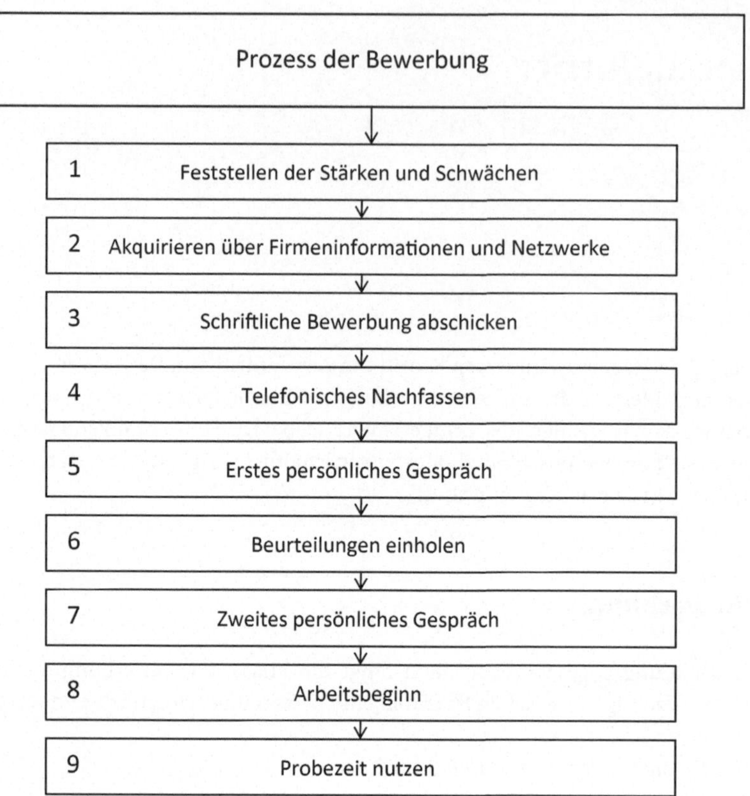

Abb. 3.1 Prozess der Bewerbung (eigene Darstellung)

sonstigen Vereinen) und welche Erfahrungen und Wertvorstellungen er aus diesen Tätigkeiten mitbringt. Weil Mitarbeiter Lösungen zunehmend im Team erarbeiten, wird die *Mitwirkungskompetenz* immer wichtiger. Darunter versteht man die Fähigkeiten zu führen, sicher zu entscheiden und zu überzeugen sowie komplexe Aufgaben zu koordinieren und zu organisieren.

- *Verhaltenstypen, Persönlichkeit*
  Im vorigen Abschnitt wurden an Hand des persolog-Modells ausführlich die unterschiedlichen Typen diskutiert. Es geht also darum, anhand der Antworten auf bestimmte Fragen die eigene Persönlichkeit festzustellen. Je nach Ausprägung sind dadurch die persönlichen Stärken und Schwächen festgelegt (Tab. 3.1) sowie Werte, Überzeugungen und Einstellungen zu erkennen.

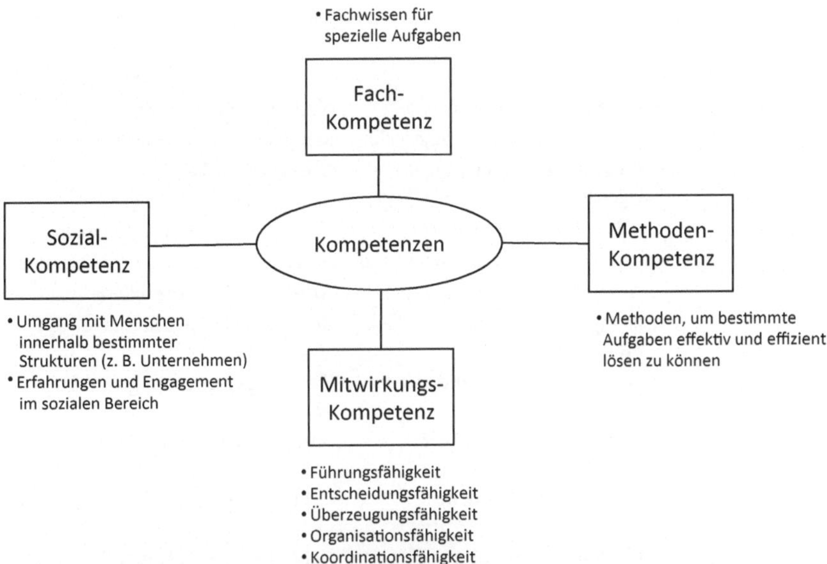

Abb. 3.2 Felder der erworbenen Kompetenzen (eigene Darstellung)

2. *Schritt: Akquirieren über Firmeninformationen und Netzwerke*

Ist man sich über seine eigenen Fähigkeiten und Fertigkeiten sowie über seine Persönlichkeitsstruktur im Klaren, dann kann man beurteilen, ob die Aufgaben der Unternehmen, für die sie Mitarbeiter suchen, überhaupt in Frage kommen und ob die Unternehmenskultur mit den eigenen Vorstellungen und Werten übereinstimmt. Es ist zu empfehlen, auch die persönlichen Netzwerke zu nutzen, um herauszufinden, welche Unternehmen Stellen zu besetzen haben, für die man in Frage kommen würde.

3. *Schritt: Schriftliche Bewerbung abschicken*

Hat man die entsprechenden Stellen herausgefunden, dann sollte man sich schriftlich bewerben. Größere Unternehmen setzen online-Formulare ein, andere können per Mail oder per Post benachrichtigt werden. Dabei sind folgende Empfehlungen wichtig:

Tab. 3.1 Stärken und Schwächen der einzelnen Verhaltensstile. (Quelle: Seiwert und Gay 2013)

Verhaltensstil	Stärken	Schwächen
Dominant (D, 1)	Liebt die Herausforderungen	Nimmt sich zuviel vor
	Übernimmt die Führungsrolle	Mangelnde Teamfähigkeit
	Entscheidet schnell und eigenständig	Übersieht Risiken
	Will sofortige Ergebnisse	Vernachlässigt wichtige Details
Intitiativ (I, 2)	Knüpft Kontakte, ist Netzwerker	Verzettelt sich durch viele Kontakte
	Arbeitet gern in der Gruppe	Arbeitet nicht gerne alleine
	Ist Optimist und kann motivieren	Zu optimistische Einschätzungen
	Teilt seine Gefühle anderen mit	Kann ausgenutzt und gemobbt werden
Stetig (S, 3)	Konzentriert sich auf die Aufgaben	Schiebt Dinge vor sich her
	Akzeptiert vorhandene Hierarchien	Geht keine neuen Wege
	Ist oft ein Spezialist und Könner	Sieht nicht die gesamten Zusammenhänge
	Hört ruhig zu	Stellt eigene Wünsche zu sehr zurück
	Vermittelt bei Konflikten	Ist zu nachsichtig und tolerant
Gewissenhaft (G, 4)	Befolgt Anweisungen und Normen	Geht nur bekannte Wege
	Beachtet die Details	Verliert sich in Details
	Denkt kritisch und genau	Denkt zu vorsichtig und pessimistisch
	Entscheidet nach Daten und Fakten	Entscheidungen dauern lange
	Geht behutsam mit Menschen um	Ist zu nachsichtig und tolerant

- *Auf das Anforderungsprofil eingehen*
  Da man seine Kompetenzen und seine Stärken kennt, kann man ganz gezielt auf die Anforderungen in der Stellenaussschreibung des Unternehmens eingehen und in einem höchstens einseitigen Motivationsschreiben darlegen, warum man die geeignete Person für diese Stelle ist.
- *Keine Rechtschreibfehler*
  Rechtschreibfehler führen unweigerlich zu einer sofortigen Absage. Gerade bei Firmen, die mit online-Bewerbungsformularen arbeiten, ist darauf zu achten,

dass keine Flüchtigkeitsfehler passieren. Vor dem Abschicken sollte man die Antworten noch einmal sorgfältig auf Fehler durchlesen oder lesen lassen.

- *Per Mail: Eine einzige pdf-Datei nicht größer als 6 MB*
  Motivationsschreiben, Zeugnisse, Abschlüsse und Empfehlungsschreiben sorgfältig und optisch einwandfrei einscannen. Die Scans sollten in nur einer Datei zusammengefasst werden, die nicht zu groß ist (maximal 6 MB); denn sonst werden sie nicht gelesen.
- *Per Post: Bewerbungsmappe*
  Die kompakten Unterlagen sollte man in einwandfreiem Zustand in einer Bewerbungsmappe zusammenstellen und per Post an die geeignete Stelle im betreffenden Unternehmen schicken.

4. Schritt: Telefonisches Nachfassen

Dieser Schritt ist heikel und zweischneidig. Zum einen muss vermieden werden, die Personalentscheider unter Druck zu setzen, zum anderen sollte man schon wissen, ob die Bewerbung angenommen wurde, welche Chancen man hat und bei einer Ablehnung eventuell zu erfahren, warum man nicht zum Zuge gekommen ist. Nach etwa 3 Wochen ohne Rückmeldung ist es angebracht, telefonisch nachzufragen.

5. Schritt: Erstes persönliches Gespräch

Werden die Bewerber zu einem ersten persönlichen Gespräch eingeladen, dann gehören sie zur engeren Auswahl. Eine korrekte Kleidung und ein gutes Auftreten sind sehr wichtig; denn der erste Eindruck ist auch hier entscheidend. Meistens wird in diesem ersten Gespräch neben der fachlichen Eignung großen Wert auf die soziale Kompetenz, auf die Soft-Skills gelegt. Eine erste Beurteilung des Bewerbers kann in einer Nutzwert-Analyse geschehen, in der die Stärken und Schwächen in den Fach-, Methoden-, Sozial- und Mitwirkungskompetenz ermittelt werden (s. Abschn. 4.3, Tab. 4.3).

6. Schritt: Beurteilungen einholen

Nach dem erfolgten Bewerbergespräch sollte man versuchen, mehr über das spezielle Arbeitsklima und den Führungsstil des Abteilungschefs zu erfahren.

7. Schritt: Zweites persönliches Gespräch

Nach diesem Schritt fällt im Unternehmen die Entscheidung über die Einstellung des Bewerbers. Deshalb muss man sich sehr gut vorbereiten und einen kompetenten und angenehmen Eindruck hinterlassen. Es ist auch anzuraten, die Gehaltsvorstellung zu nennen. Dabei sollte man nicht zu sehr auf die Höhe des Anfanggehaltes achten. Die Chancen zur Weiterentwicklung und für eine Karriere sind wesentlich wichtiger.

8. Schritt: Arbeitsbeginn

Hat der Bewerber die Stelle bekommen, so beginnt er mit seiner Arbeit. Es ist darauf zu achten, dass man schnell die Regeln des Unternehmens oder der Abteilung beachtet und sich durch solide Arbeit und Freundlichkeit Vertrauen erarbeitet.

9. Schritt: Probezeit nutzen

In der Probezeit sollte man sich die Frage stellen, ob man die richtige Arbeitsstelle gefunden und das richtige Unternehmen ausgewählt hat. In dieser Zeit besteht auch die Möglichkeit, mit seinem Vorgesetzten über weitere Entwicklungs- oder Veränderungsmöglichkeiten zu sprechen.

3.2 Personalfindung (Recruiting)

Aus den *strategischen Zielen* eines Unternehmens ergeben sich Aufgaben und Tätigkeitsfelder sowie Anforderungsprofile für die Mitarbeiter. Daraus lassen sich die erforderlichen Mitarbeiter in *quantitativer, qualitativer* und in *zeitlicher* Perspektive ermitteln. Falls diese Mitarbeiter nicht im Unternehmen sind, müssen sie eingestellt werden. Der Prozess der Einstellung ist in Abb. 3.3 zu sehen und verläuft ganz ähnlich wie der Prozess aus Bewerbersicht.

1. Schritt: Erstellen eines Anforderungsprofils

Die Aufgaben und vor allem die Anforderungen an den neuen Mitarbeiter müssen exakt formuliert werden. Sie bestimmen die Ziele, die ein Mitarbeiter erreichen muss. An dem Grad dieser Zielerreichung wird dessen Erfolg gemessen.

2. Schritt: Akquirieren über Netzwerke

In Zeiten des Fachkräftemangels können Mitarbeiter nicht allein über die klassischen Wege einer Anzeige gefunden werden. Dieser Weg ist überdies teuer, risikoreich und arbeitsintensiv. Ein Unternehmen muss für die Bewerber attraktiv

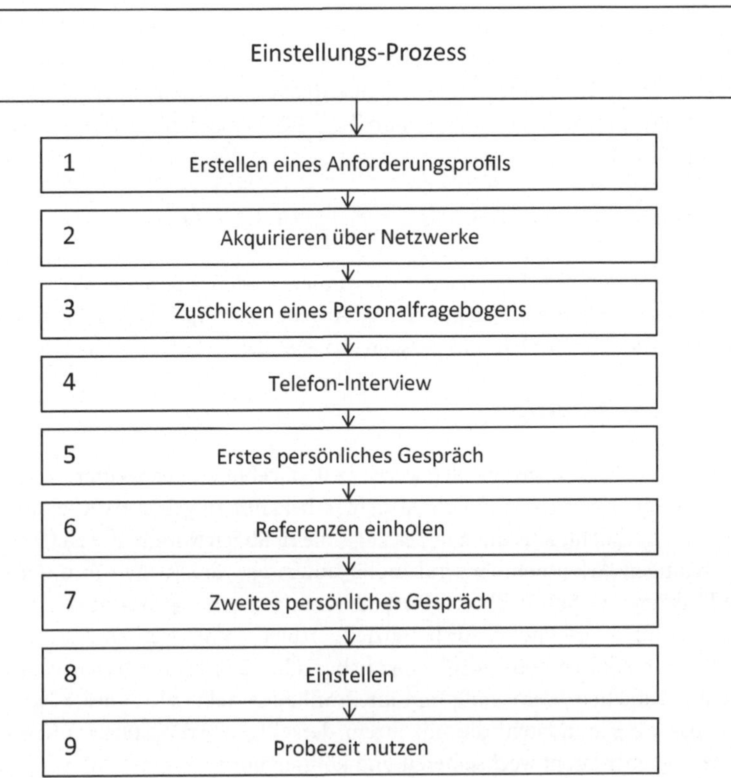

Abb. 3.3 Prozess der Einstellung. (Quelle: Knoblauch 2010)

sein, d. h. der Arbeitgeber muss eine „Unternehmens-Marke" aufbauen (employer branding). Folgende Möglichkeiten, Nachwuchs zu gewinnen, gibt es (außer über Annoncen):

- *Studentenmessen*

Vielerorts werden an Hochschulstandorten Messen durchgeführt. Auf ihnen können sich Unternehmen präsentieren und den Studierenden Ferienarbeit, Praktika, Abschlussarbeiten oder auch Arbeitsstellen anbieten. In den Katalogen dieser Messen können Anzeigen geschaltet werden, die über das Unternehmen berichten und die Besonderheiten des Unternehmens herausstellen. Als Beispiel dient das Optikunternehmen CARL ZEISS AG mit weltweit 24.000 Beschäftigten, davon 10.000 in Deutschland. Hier ist zu lesen:

Was uns von anderen Arbeitgebern unterscheidet: „Zeiss bietet eine Vielzahl von Weiterbildungsmöglichkeiten, flexible Arbeitszeitmodelle, umfangreiche Sozialleistungen sowie herausfordernde Arbeitsaufgaben in einem internationalen und innovativen Konzern" (aus: Universum Top 100, Verlag Universum Communication Köln 2013).

- *Vorlesungen, Seminare und Abschlussarbeiten in Hochschulen*

Eine sehr gute Möglichkeit, Fachkräfte zu gewinnen, besteht darin, bei Hochschulen Vorlesungen oder Seminare zu halten und Arbeiten zu vergeben. Dadurch können geeignete Studenten gezielt und passgenau ausgesucht werden.

- *Befragen sozialer Netzwerke*

Viele Menschen benutzen soziale Netzwerke (z. B. facebook oder Twitter), um etwas über ihre Persönlichkeit und ihre Absichten bekannt zu geben. Werden diese systematisch durchsucht, so ist man in der Lage, die richtigen Mitarbeiter zu finden. Viele der heutigen Arbeitnehmer sind mobil unterwegs. Sie buchen ihre Reisen und ihre Einkäufe per Smart-Phone. Deshalb kann es auch angebracht sein, dass Unternehmen auf Smart-Phones für potenzielle Arbeitnehmer werben. Eine mögliche Plattform hierzu ist „Linkedin". Dort haben über 250 Mio. Menschen ihren kompletten beruflichen Werdegang und ihr Profil eingestellt. Viele dieser Nutzer sind zwar passive Kandidaten, die mit ihrem derzeitigen Arbeitsplatz zufrieden sind. Diese sind aber latent wechselbereit und können nur mobil erreicht werden.

- *Nutzen persönlicher Netzwerke von Unternehmensmitarbeitern*

Eine sehr zielführende Methode ist es, wenn Mitarbeiter des Unternehmens ihre Informationen aus dem Bekanntenkreis als Empfehlung über gute Mitarbeiter an das Persnalbüro weitergeben. Dort kann dann ein Bewerberpool von geeigneten Persönlichkeiten aufgebaut werden, aus dem man sich bei Bedarf bedienen kann.

3. Schritt: Personalfragebogen wegschicken

Die ausgewählten Bewerber werden aufgefordert, einen Personalfragebogen auszufüllen und diesen zurückzuschicken. Dies kann auch durch ein online-Portal geschehen, wie dies bei größeren Unternehmen üblich ist. Diese Abfrage hat den großen Vorteil, dass man die entsprechenden Bewerbungen schnell und effizient auswerten kann.

4. Schritt: Telefon-Interview

Bewerber, die in der engeren Auswahl stehen, sollten telefonisch nach einem bestimmten Leitfaden befragt werden. Das Telefongespräch sollte maximal 30 min dauern. Um einen richtigen Eindruck von den Berwerbern zu gewinnen, sollte man Fragen mit folgendem Inhalt stellen:

- *„Was sind Ihre langfristigen Ziele, was möchten Sie in unserem Unternehmen erreichen?"*
  Menschen, die hierzu keine Antwort haben, sollten nicht weiter in der engeren Auswahl stehen.
- *„Nennen Sie 10 berufliche und persönliche Stärken!"*
  Aus dieser Selbsteinschätzung kann die Eignung für die Aufgaben im Unternehmen herausgelesen werden.
- *„Schildern Sie 3 Ihrer größten Flops!"*
  Daraus erkennt man, wie diese Niederlagen verarbeitet wurden, wer die Schuldzuweisungen erhält und ob aus diesen Flops gelernt wurde.
- *„Arbeiteten Sie schon bei anderen Unternehmen und warum haben Sie dort gekündigt?"*
  Diese Frage wird nur gestellt, wenn es sich um keinen Berufsanfänger handelt. Die Antworten sollte man sich merken und gegebenenfalls bei diesen Unternehmen anrufen und sich überzeugen, ob die Antworten richtig waren oder was die eigentlichen Gründe waren, die zum Arbeitswechsel führten.

Diese Telefoninterviews sind eine zeitsparende und zielführende Methode, um die Bewerberzahl weiter zu verringern und sich im Folgenden nur um geeignete Persönlichkeiten zu kümmern.

5. Schritt: Erstes persönliches Gespräch

Die eingeladenen Bewerber werden von einem Team von mindestens 3 Personen des Unternehmens befragt. Im Wesentlichen geht es um die bereits im vorigen Schritt erwähnten Fragen, die aber vertiefend behandelt werden. Es werden auch von den anwesenden Personen Fragen gestellt, die die erforderlichen Kompetenzen des Bewerbers abprüfen. Nach dieser Vorstellung wird über die betreffenden Personen beraten und entschieden, ob sie weiterhin als Bewerber gelten. Eine erste Beurteilung des Bewerbers kann in einer Nutzwert-Analyse geschehen, in der die Stärken und Schwächen in den Fach-, Methoden-, Sozial- und Mitwirkungskompetenz ermittelt werden (s. Abschn. 4.3, Tab. 4.3).

6. Schritt: Referenzen einholen

Da man die früheren Chefs oder bei Erstbewerbern deren Institutionen und die maßgeblichen Personen weiß, ist es ratsam, dort Informationen aus erster Hand einzuholen.

7. Schritt: Zweites persönliches Gespräch

Hier geht es vor allem darum, den Charakter einer Persönlichkeit festzustellen. Es bietet sich an, das *persolog®-Persönlichkeits-Profil* zu erstellen (das Einverständnis des Bewerbers vorausgesetzt). Dann weiß man ziemlich sicher, ob diese Person in das Team passt oder nicht. Auch die Gehaltsvorstellungen werden in diesem Gespräch diskutiert.

8. Schritt: Einstellen

Hat der Bewerber die Stelle bekommen, so beginnt er mit seiner Arbeit. Es ist darauf zu achten, wie er seine Aufgaben erledigt und wie er mit den anderen Mitarbeitern zurecht kommt. Es ist auch sinnvoll, sich mit einem Paten um den Mitarbeiter zu kümmern, ihn einzuarbeiten und ihn bei seiner Arbeit zu begleiten. Dazu ist es ratsam, ihm einen Betriebspaten oder Mentor zur Seite zu stellen. Eine Wertschätzung des neuen Mitarbeiters ist unbedingt erforderlich.

9. Schritt: Probezeit nutzen

Für die Probezeit sollten klare Ziele vereinbart werden, an denen sich die Leistung des neuen Mitarbeiters messen lässt. An Hand der Zielerreichung ist es objektiv und transparent nachvollziehbar, ob und inwieweit der neue Mitarbeiter seine Ziele erreicht hat. Sind wichtige Ziele verfehlt, so wird man sich von ihm in der Probezeit trennen müssen. Dies ist aber völlig klar dokumentiert und wird auch vom neuen Mitarbeiter akzeptiert werden müssen.

Personalentwicklung

4

Die Aufgaben einer Personalentwicklung sind in Abb. 4.1 zusammengestellt.

4.1 Strategien zur Personalentwicklung

Die *Anforderungen* an die Mitarbeiter werden immer *höher*; denn es gilt, individuelle Produkte höchster Komplexität und neuester Technik in globalen Märkten abzusetzen. Daher müssen Unternehmen ihren langfristigen Bedarf an Personal zur Sicherung der Personalressourcen im Auge behalten und dabei die Unternehmenskultur beachten. Dazu müssen Netzwerke auf elektronischer oder persönlicher Art aufgebaut werden (s. Abschn. 3.2, Schritt 2).

4.2 Personalführung

Die richtigen Mitarbeiter an der *richtigen Stelle* einzusetzen, sie *richtig zu führen*, ihre *Stärken* zu *stärken* und ihre *Schwächen abzuschwächen*, das ist die eigentliche Führungskunst und entscheidend für den Erfolg des Unternehmens. Das bedeutet, dass die Führung abhängig ist von der Persönlichkeit der zu führenden Mitarbeiter. Eine Führung muss also die Persönlichkeit des zu Führenden beachten. Es ist zu entscheiden, unter welchen Umständen eingegriffen werden muss, der Handlungsspielraum vergrößert werden sollte und gewisse Aufgaben delegiert werden sollten. Dabei sind folgende 3 Maßnahmen für eine erfolgreiche Führung von Bedeutung:

- *Unterstützung gewähren*
  Die Mitarbeiter sollen das Gefühl bekommen, dass ihre Arbeit Wertschätzung erfährt. Dazu muss die Führungskraft intensiv kommunizieren und zuhören,

E. Hering, *Personalmanagement für Ingenieure*, essentials, 23
DOI 10.1007/978-3-658-04908-9_4, © Springer Fachmedien Wiesbaden 2014

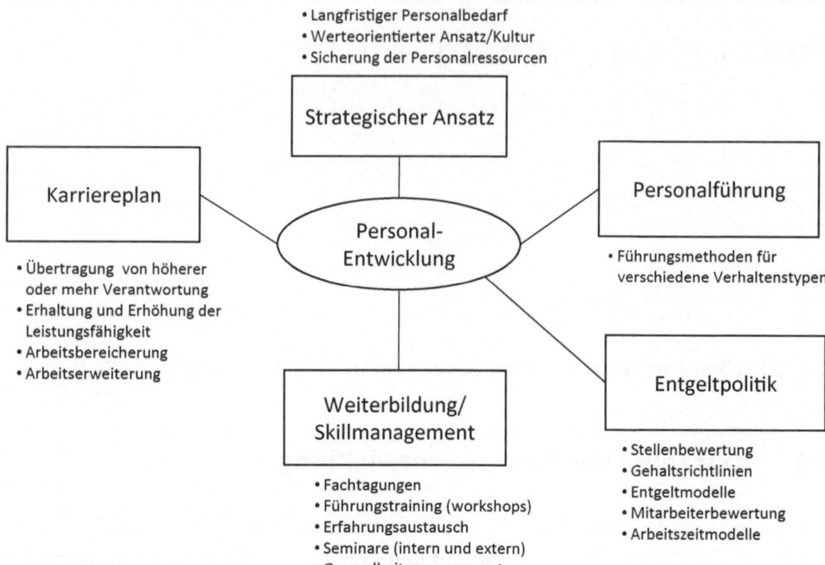

Abb. 4.1 Aufgaben der Personalentwicklung

ferner bei den Problemlösungen unterstützen, Fehler als Lernmöglichkeiten erfahren lassen und die Betreffenden bei der Arbeit ermutigen.

- *Handlungsspielraum eröffnen*
  Mitarbeitern müssen Handlungsspielräume eröffnet werden, in denen sie eigenständig handeln und entscheiden können sowie die gestellten Aufgaben entsprechend den eigenen Fähigkeiten zielgerichtet erledigen können.

- *Rückmeldung geben*
  Die Mitarbeiter sollten zu jeder Zeit wissen, ob sie auf dem richtigen Wege zur Lösung ihrer Aufgaben sind und ob sie ihre Ziele erreicht haben. Dies muss motivierend kommuniziert werden und bei Bedarf muss auch unterstützend nachgeholfen werden.

Führung hat also damit zu tun, dass Persönlichkeiten zum richtigen Handeln bewegt werden. Das bedeutet, dass bevorzugte Verhaltensweisen von Menschen in einem Unternehmen eine ganz wesentliche Rolle spielen. Das *persolog®-Persönlichkeits-Modell* hat in Abschn. 2.1 dazu die Grundlagen dargestellt und in Abschn. 2.2 einige markante Beispiele für Ingenieure und Naturwissenschaftler aufgezeigt. In Tab. 4.1 wird gezeigt, mit welchen Maßnahmen die 4 grundsätzlichen Verhaltenstypen (Dominant, Intitiativ, Stetig und Gewissenhaft) geführt werden können.

Tab. 4.1 Führungstechniken für die verschiedenen Verhaltensstile. (Quelle: Seiwert und Gay 2013)

Verhaltensstil	Dominant (D, 1)	Initiativ (I, 2)	Stetig (S, 3)	Gewissenhaft (G, 4)
Unterstützen/ Motivieren	Handlungsspielraum erweitern	Ideenreichtum fördern	Aufmerksam zuhören	Handlungsspielräume aufzeigen
	Rasche Ergebnisse erzielen	Unterstützen bei der Arbeit	Begleiten bei schrittweiser Umsetzung	Zusammenhänge logisch erklären
	Selbständiges Arbeiten	Fördern der positiven Wahrnehmung	Aktives Einbinden in die Prozesse	Vor- und Nachteile zusammenstellen
	Verantwortung übertragen	Fördern der Eigenverantwortung		Ermunterung zu Optimismus
Rückmeldung geben/Loben	Klares Feedback der Zielerreichung	Angenehmes Gesprächsklima schaffen	Angenehmes Umfeld schaffen	Entspannte Atmosphäre schaffen
	Seine Sicht der Dinge erfragen	Versachlichen der Kritik	Sachliches Erklären der Kritik	Kritik wird persönlich empfunden
	Danke sagen für seine Leistung	Öfter loben	Frage nach seiner Sichtweise der Dinge	Präzises Lob für eine konkrete Leistung
	Leistung schnell belohnen	Feiern seiner Erfolge in der Öffentlichkeit	Persönliches Lob am Arbeitsplatz	Belohnungen müssen fair sein
Kommunikation	Direkte und zielgerichtete Kommunikation	Interessiert Zuhören bei begeisternden Ausführungen	Bitten um eigene Meinungsäußerung	Bitte um klare und direkte Kommunikation
			Ermunterung, Kritik zu üben	Bedenken ernst nehmen
	Auch andere Personen in die	Konzentration auf ein Thema	Vereinbaren fester Kommunikationsregeln, damit jeder zu Wort kommt	Bitte, über neue Lösungsmöglichkeiten nachzudenken
	Kommunikation einbeziehen	Aufforderung, anderen zuzuhören		

Tab. 4.1 Fortsetzung

Verhaltensstil	Dominant (D, 1)	Initiativ (I, 2)	Stetig (S, 3)	Gewissenhaft (G, 4)
Veränderungen	Erkennt dies als zukunftsweisend	Spontane Begeisterung für Neues	Aufzeigen der Auswirkungen	Erklären des Sinns
	Schnelle Mitwirkung erwartet	Probleme und Konsequenzen beachten	Wege zur Durchführung aufzeigen	Einbeziehen in die Planung
	Schmiedet sofort Pläne	Persönliche Ansprache	Umfangreiche und intensive	Ernstnehmen der Bedenken
	Möchte Pläne schnell umsetzen	Betonung des persönlichen Nutzens	Beratung bei der Umsetzung	Festlegen des Beitrags zum Wandel
Neues Ausprobieren/ Innovationen	Innovation ist ein mühsamer Weg	Regeln für Innovationen beachten	Freiräume schaffen	Standards für den Ablauf bestimmen
	Viele kleine Schritte zum Ziel	Positives Umfeld zum Ausprobieren	Ausdrückliche Erlaubnis erteilen	Zeit geben, um Neues positiv wahrzunehmen
	Voreilige Lösungen vermeiden	Langfristige Beteiligung	Ermutigen, Neues zu probieren	Ermutigung, Neues zu probieren
		Konzentration auf Wesentliches		
Weiterentwicklung	Neue Methoden ergreifen	Offene Fragen verwenden (Was? Wo? Wann? Wie?)	Gemeinsamen Plan entwickeln	In aller Ruhe besprechen
	Entwicklungspotenziale benennen		Unterstützung bei der Umsetzung	Notwendigkeit ausführlich erklären
	Entwicklungsziele benennen und kontrollieren	Möglichkeit, Gefühle zu zeigen	Teilziele festlegen und kontrollieren	Präzise Ziele festlegen und kontrollieren
		Verbindliche Umsetzung der Maßnahmen		

Wichtig ist dabei, wie die 4 verschiedenen Verhaltensstile das konkrete Verhalten der Personen in Bezug auf die Herausforderungen des Unternehmens bestimmen. In Tab. 4.2 ist dies zusammengestellt. Wenn dies berücksichtigt wird, dann

Tab. 4.2 Verhaltensstile und die Herausforderungen in Unternehmen. (Quelle: Seiwert und Gay 2013)

Verhaltens-stil	Dominant (D, 1)	Initiativ (I, 2)	Stetig (S, 3)	Gewissenhaft (G, 4)
Durchsetzungsstärke	Wettbewerb mit anderen	Einbeziehung anderer	Freundliche Hartnäckigkeit	Schweigen und Aussitzen bei Konflikten
	Durchsetzung eigener Vorstellungen	Diskussion der eigenen Sichtweise	Keine Schnellschüsse, Abwarten	Unterstützung durchdachter Informationen
	Willen, Dinge zu bewegen	Spontane Kommentare	Beharrung auf Gehörtwerden	Einhalten von Regeln durch alle
Flexibilität	Hohes Maß an Flexibilität	Keine frühe Festlegungen	Zeit zur Anpassung an Veränderungen	Abwägen der Vor- und Nachteile
	Offenheit für Weiterentwicklungen	Neugierde und Offenheit für Neues	Verlässlichkeit bei der Umsetzung	Kritik bei ungeplanten Ereignissen
	Veränderungswille	Entscheidung relativ spät	Suche nach optimaler Lösung	Aufdecken von Fehlern in Details
Kreativität	Experimentierfreude, Erfindergeist	Ideenreichtum, Kreativitätstechniken	Gruppe als Kernstück von Kreativität	Bewertung von Ideen
	Einbeziehen verschiedener Ansätze	Aktivieren von Netzwerken	Aktiver Beitrag zu Lösungen	Einbringen von Verbesserungen
	Intuitive Erkennung wichtiger Trends	Gewinnen von Gleichgesinnten	Ermunterung aller zur Aktivität	Erweitern von Denkgrenzen
Teamfähigkeit	Verlassen auf die eigene Intuition	Offenheit gegenüber anderen Meinungen	Unterstützung von Meinungsaustausch	Trennung Arbeit und Privates
	Nutzung Kompetenzen anderer	Harmoniebedürfnis	Gegenseitige Wertschätzung	Klare Strukturen für Zusammenarbeit
	Nutzung anderer Informationsquellen	Freundschaftliche Atmosphäre	Schaffung eines Wohlfühlklimas	Distanz zu Personen und Ansichten

Tab. 4.2 Fortsetzung

Verhaltens-stil	Dominant (D, 1)	Initiativ (I, 2)	Stetig (S, 3)	Gewissenhaft (G, 4)
Einsichts-fähigkeit	Beharrung auf eigener Meinung	Respekt vor Menschen und Meinungen	Zusammenarbeit untersch. Charaktere	Hohe Fach- und Methodenkompetenz
	Einfordern der Leistung anderer	Vermeiden oder Schlichten von Konflikten	Vermeidung von Streit	Im Bedarfsfall Netzwerke nutzen
	Wenig Nachsicht bei Konflikten	Sprachrohr für andere	Akzeptanz von Delegation	
Optimismus	Hindernisse sind Chancen	Ermutigung zu positiver Sichtweise	Abwägung von Pro und Contra	Hinterfragen von Lösungen
	Vorreiter in Projekten	Positives, optimistisches Denken	Moderation bei Pessimismus	Berücksichtigung möglichst vieler Aspekte
	Zuversicht bei Hindernissen	Ermutigung zum persönlichen Einsatz	Eher Optimusmus als Pessimismus	Realismus und eher Pessimismus

wird eine Führung erfolgreich sein, d. h. mit motivierten Mitarbeitern werden die Herausforderungen im Unternehmen gemeistert und die Ziele des Unternehmens effizient erreicht.

4.3 Entgeltpolitik

Das Entgelt muss sich auf tatsächlich erbrachte Leistungen beziehen. Dabei sind folgende Aufgaben zu erfüllen:

- *Bewertungsmodelle sowie Mess- und Bewertungsmaßstäbe zur Entlohnung*
  Diese müssen möglichst einfach, verständlich, transparent und von allen nachvollziehbar gestaltet werden.
- *Zusammenarbeit mit den Beteiligten*
  Die Maßstäbe zur Entlohnung sollten mit allen Beteiligten, den Arbeitnehmervertretern und der Geschäftsleitung bzw. der Abteilungsleitung entwickelt werden.
- *Orientierung an der Überlebensfähigkeit des Unternehmens*

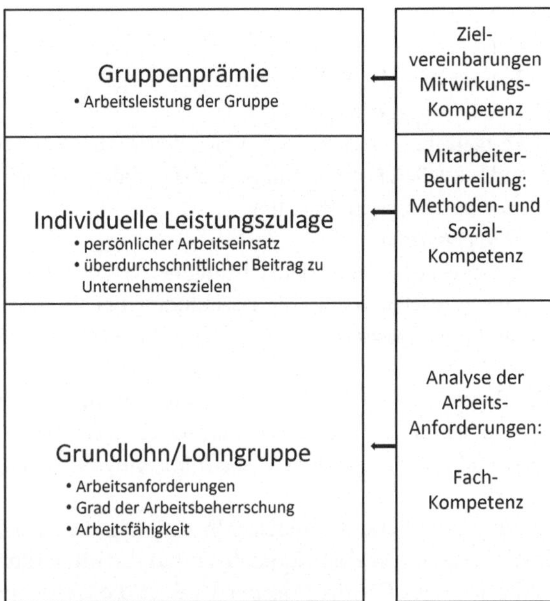

Abb. 4.2 Entlohnungsmodell für Gruppen. (Nach Prof. Dr. F. Binner)

Im Zentrum aller Überlegungen muss die Sicherung der *relativen Wettbewerbsvorteile* des Unternehmens stehen. Wichtige Ziele sind dabei die Sicherung der *Qualität*, die Steigerung der *Produktivität* und die ständige *Verbesserung* der *Effizienz* der Arbeitsprozesse.

• *Flexibilisierung*
Es muss darauf geachtet werden, dass eine flexible Arbeitszeit und eine entsprechende Entlohnung möglich ist. Dadurch können Schwankungen im Arbeitsanfall ohne Zeitverzögerungen und Mehrkosten bewältigt werden.

Mitarbeiter, die für den Erfolg des Unternehmens verantwortlich sind, sollten auch angemessen an diesem Erfolg beteiligt werden. Eine transparente Entlohnungspolitik, die den Beitrag zum Unternehmenserfolg entsprechend honoriert, wird als *gerecht* empfunden. Sie ist die Basis für die *Zufriedenheit* der Mitarbeiter und kann weitere Motivations-Potenziale der Mitarbeiter ausschöpfen.

Ein Entlohnungsmodell, das diesen Anforderungen entspricht, ist in Abb. 4.2 zu sehen. Es besteht aus 3 Bereichen, welche die Kompetenzen berücksichtigt, die der Mitarbeiter einbringt:

- *Grundlohn*
  Entsprechend den Anforderungen und der benötigten *Fachkompetenz* wird die Lohngruppe des Entgeltempfängers ausgewählt.
- *Persönliche Leistungszulage*
  Festgelegte Kriterien, nach denen der Mitarbeiter beurteilt wird, bestimmen die individuelle Leistungszulage. Dabei werden vor allem die *Methoden- und Soizialkompetenz* berücksichtigt.
- *Gruppenprämie*
  Entsprechend der Arbeitsleistung der Gruppe im Sinne der Erfüllung von definierten Zielen erfolgt die Bezahlung einer Gruppenprämie. Sie berücksichtigt die *Mitwirkungskompetenz* der einzelnen Mitarbeiter in der Gruppe.

Die Bewertung von Mitarbeitern kann in einer *Nutzwertanalyse* vorgenommen werden, wie sie in Tab. 4.3 schematisch dargestellt ist. Ausführliche Informationen dazu sind im Springer-Essential „Controlling für Ingenieure" in Abschn. 3.5 nachzulesen.

Für 3 Mitarbeiter wurden je 5 *Kriterien* für die Fach-Kompetenz, die Methoden-Kompetenz, die soziale Kompetenz und die Mitwirkungs-Kompetenz ausgewählt und priorisiert. Für die *Priorität* 1 gab es die Gewichtung 10, in Zweier-Schritten abwärts bis zur Priorität 5 mit der Gewichtung 2. Für die einzelnen Mitarbeiter wurden *Punkte* vergeben. Maximal gab es 10 Punkte (sehr gut), 6 Punkte befriedigend und 2 Punkte ausreichend. Die *Nutzwerte* wurden berechnet als *Produkt aus Punktzahl mal Gewichtung*. Die einzelnen Nutzwerte wurden je Kompetenz addiert und am Maßstab eines idealen Mitarbeiters gemessen. Am Schluss wurde der gesamte Nutzwert je Mitarbeiter ermittelt und am idealen Mitarbeiter gemessen. Wie Tab. 4.3 zeigt, wird der Mitarbeiter 2 mit 65 % des Idealwertes am besten bewertet. Es fällt auf, dass er eine Schwäche bei der sozialen Kompetenz aufweist. Diese kann durch Schulungs- und Trainingsmaßnahmen abgemildert werden, wie dies in Abschn. 4.4 vorgestellt wird.

In Abb. 4.3 wird eine grafische Darstellung einer Mitarbeiterbewertung in Form einer Bewertungsspinne vorgestellt. Hier sind die Stärken und Schwächen in einzelnen Bereichren gut zu erkennen. Der Mitarbeiter 123 hat Defizite im „Vorbild positiv Denken", in der „Verantwortungsbereitschaft" und im „Unternehmensbezogenen kostenbewußten Denken". Dort werden Weiterbildungsmaßnahmen einzuleiten sein.

Tab. 4.3 Nutzwertanalyse zur Bewertung von Mitarbeitern (eigene Darstellung)

			Mitarbeiter 1		Mitarbeiter 2		Mitarbeiter 3		Idealer Mitarbeiter	
Kriterien	Prio	Gew.	Pkte	Nutzw.	Pkte	Nutzw.	Pkte	Nutzw.	Pkte	Nutzw.
Fachkompetenz										
Fachkenntnisse	1	10	6	60	8	80	8	80	10	100
Arbeitseffizienz	2	8	3	24	8	64	4	32	10	80
Sorgfalt	4	4	1	4	4	16	3	12	10	40
Qualität	3	6	5	30	6	36	4	24	10	60
Eigeninitiative	5	2	5	10	8	16	2	4	10	20
Summe Nutzwert				128		212		152		300
Prozent zum Ideal				42.7%		70.7%		50.7%		100.0%
Methodische Kompetenz										
Systematisches Vorgehen	1	10	6	60	8	80	6	60	10	100
Problemlösefähigkeit	2	8	5	40	6	48	8	64	10	80
Transferfähigkeit	4	6	3	18	8	48	5	30	10	60
Flexibilität	3	4	5	20	5	20	6	24	10	40
Kreativität	5	2	2	4	5	10	3	6	10	20
Summe Nutzwert				142		206		184		300
Prozent zum Ideal				47.3%		68.7%		61.3%		100.0%
Soziale Kompetenz										
Teamfähigkeit	1	10	8	80	5	50	6	60	10	100
Ehrlichkeit	4	4	6	24	6	24	6	24	10	40
Loyalität	3	6	8	48	6	36	5	30	10	60
Hilfsbereitschaft	5	2	6	12	5	10	4	8	10	20
Kommunikationsfähigkeit	2	8	8	64	6	48	8	64	10	80
Summe Nutzwert				228		168		186		300
Prozent zum Ideal				76.0%		56.0%		62.0%		100.0%
Mitwirkungs-Kompetenz										
Führungsfähigkeit	1	10	6	60	6	60	6	60	10	100
Entscheidungsfähigkeit	2	8	4	32	8	64	8	64	10	80
Koordinationsfähigkeit	3	6	6	36	5	30	3	18	10	60
Organisationsfähigkeit	5	2	4	8	5	10	3	6	10	20
Überzeugungsfähigkeit	4	4	3	12	8	32	6	24	10	40
Summe Nutzwert				148		196		172		300
Prozent zum Ideal				49.3%		65.3%		57.3%		
Summe aller Nutzwerte				646		782		694		1,200
Prozent zum Ideal Gesamt				53.8%		65.2%		57.8%		100.0%

4.4 Weiterbildung und Skill-Management

Um die Stärken der Mitarbeiter zu stärken und ihre Schwächen abzuschwächen, werden mit den Betroffenen *Schulungspläne* erarbeitet und entsprechende *Zielvereinbarungen* geschlossen. In der Praxis werden *interne* oder *externe* Qualifikationsmaßnahmen ergriffen, die folgenden Charakter haben können:

- *Ausbildungsmaßnahmen* zur Erweiterung der Fach- und Methodenkompetenz,
- *Fortbildungsmaßnahmen*, schwerpunktmäßig zur Erweiterung der Sozialkompetenz und
- *Umschulungsmaßnahmen*, um sich in neue Arbeitsfelder einzuarbeiten.

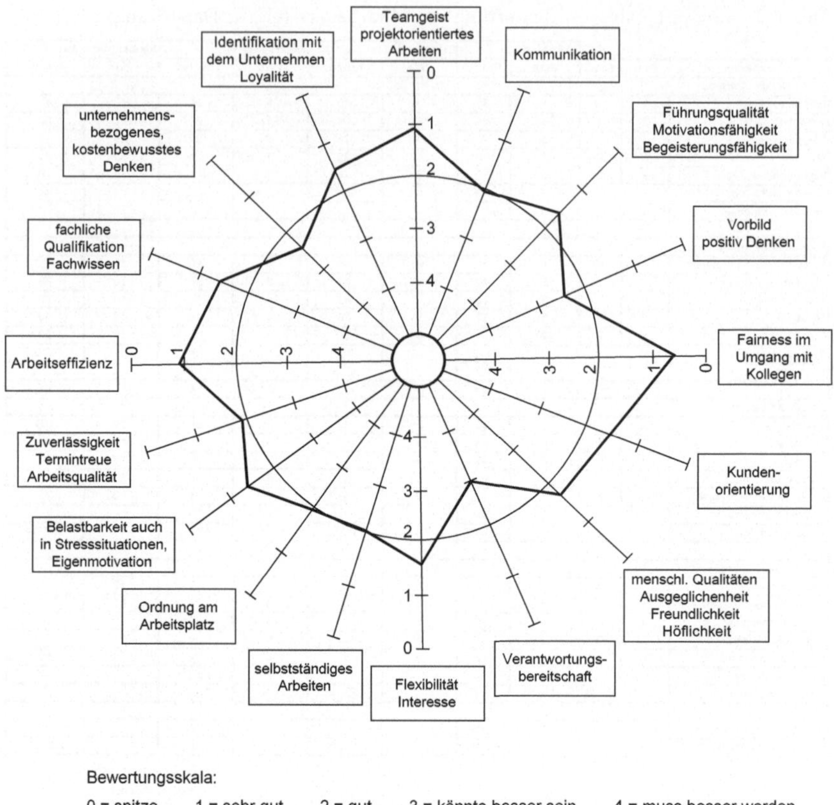

Abb. 4.3 Mitarbeiterbewertung durch eine Bewertungs-Spinne (Eigene Darstellung)

Die Weiterbildung sollte nicht nur die fachlichen und methodischen Fähigkeiten verbessern, sondern vor allem die Persönlichkeit im Sinne von *Werten* wie Fairness, Loyalität, Offenheit, Respekt, Kritikverständnis und Verantwortung weiterentwickeln.

4.5 Karriereplanung

Viele junge Menschen, die sich am Anfang ihrer beruflichen Laufbahn befinden, möchten im Unternehmen zu höheren Positionen aufstreben und sich fachlich und menschlich weiter entwickeln. Dazu ist es ratsam, in jährlich stattfindenden

Personalgesprächen diese Wünsche herauszuhören oder betreffende Personen auf diese Möglichkeiten aufmerksam zu machen. In einem *persönlichen Entwicklungsplan* werden die Ziele, Etappen und Meilensteine festgelegt, die für die einzelnen Karrierestufen erforderlich sind. Die Messung dieser Ziele ist ganz wichtig, um der Person zu zeigen, wo sie steht. Sehr sinnvoll ist es, den Führungsnachwuchs im eigenen Unternehmen zu erzeugen, weil damit auch gleich die Unternehmenskultur und die Unternehmenswerte vermittelt werden können.

4.6 Personalführung in Chefetagen

In einer Welt der *radikalen Technologieänderungen* (z. B. Verdrängung der analogen Fotografie durch die digitale), des herrschenden *globalen Wettbewerbs* und der *demografischen Entwicklung* ist die *Qualität der Führungskräfte* von allergrößter Bedeutung. Defizite in der Führung führen zu demotivierten Mitarbeitern, mangelhaftem Engagement und psychischen Erkrankungen. Dies alles fügt der Wirtschaft enormen Schaden zu. Es ist dringend geboten, die bisher in den Chefetagen vorherrschende *Eindimensionalität* der Wichtigkeit von Zahlen, Daten, Fakten durch eine zweite *zwischenmenschliche Dimension* im Sinne eines *werteorientierten Managements* zu ergänzen. Dort spielt *Offenheit, Vertrauen, Wertschätzung, Ehrlichkeit, Transparenz* und *Gerechtigkeit* eine wichtige Rolle. Zudem werden in Zukunft, allein schon durch die demografische Entwicklung, *mehr Frauen* in Führungspositionen kommen. *Gemischte Führungsteams*, bestehend aus Männer und Frauen, sind für die Anforderungen an das Top-Management besonders geeignet, weil Frauen in der Regel langfristiger denken und den zwischenmenschlichen Bereich beachten. Die heutige Generation ist zudem an einer *Balance* zwischen Arbeitswelt und persönlichem Freiraum stark interessiert und *hinterfragt* viele Vorkommnisse. In den folgenden Abschnitten werden ausführlicher die Fragen der Führung in Chefetagen behandelt.

4.6.1 Einschätzung der Führung

Ebenso wie Mitarbeiter beurteilt werden (s. Abschn. 4.3 und Tab. 4.3), müssen auch Vorgesetzte beurteilt werden, um deren Stärken und Schwächen und ihre Akzeptanz bei den Mitarbeitern zu ermitteln. Besonders wichtig ist in diesem Zusammenhang, dass die Führungskräfte offen sind für Kritik und daraus auch Maßnahmen zur Verbesserung ihres Verhaltens einleiten.

Tab. 4.4 Schema der Bewertung von Führungskräften. (Quelle: Knoblauch 2013)

Kriterien	Note 5	Note 4	Note 3	Note 2	Note 1	Note
Ziele	Keine Information	sporadische Info	Information automatisch	Informiert mit Erläuterungen	Informiert und diskutiert	
Kritik-Feedback an Mitarbeiter	Keinerlei Kritik und Feedback	Abwertende Kritik Schuldzuweisungen	Äußert Kritik, sucht manchmal eine Lösung	Aufbauende Kritik sucht Lösungen	Taktvolle Kritik Keine Bloß-Stellung	
Offenheit für Ideen	Blockt neue Ideen ab	Akzeptiert nur Ideen, die ihm gefallen	Nimmt kreative Ideen zur Kenntnis	Immer offen für kreative Ideen	Fordert kreative Ideen	
Verhalten bei Diskussionen	ungeduldig oft am Thema vorbei	ungeduldig, unterbricht oft die Diskussion	Themenbezogene Disk. unterbricht manchmal	Angemessene Argumente Lässt andere ausreden	Diskutanten werden fair behandelt	
Anprechbar für Mitarbeiter	kaum ansprechbar	manchmal ansprechbar	nur bei wichtigen Themen ansprechbar	Jederzeit ansprechbar	Geht auf Mitarbeiter zu, fragt nach Problemen	
Handlungs-Spielraum	kein selbständiges Arbeiten möglich	wenig beslbständiges Arbeiten möglich	ermöglich selbständiges Arbeiten in Grenzen	ermöglicht Freiräume für selbstaändiges Arbeiten	erweitert Handlungs-spielräume	
Einhalten von Terminen	hält Termine nicht ein	hält nur wichtige Termine ein	hält Termine ein, kommt aber meist zu spät	Hält Termine pünktlich ein	Hält Termine ein, ist gut vorbereitet	
Umgang mit Arbeitsbelastung	überlastet die Mitarbeiter	erkennt Belastungsgrenze lotet Mehrbelastung aus	achtet Belastungsgrenze nur im Notfall	achtet Belastungsgrenze unterstützt Mitarbeiter	achtet Belastungsgrenze und Erholungszeiten	
Leistungs-Beurteilung	ungerecht, keine Wertschätzung	wenig Wertschätzung	relative gerechte Beurteilung zeigt öfters Wertschätzung	Stets Wertschätzung	Hohe Wertschätzung Ansporn zu weiteren Leistungen	
Förderung	kein Interesse an Förderung	Unterstützung nur auf ausdrucklichen Wunsch	aktive Unterstützung	zielgerichtete unterstützung	systematische Unterstützung und Entwicklung der Person	
Gesamtnote						
Was schätzen Sie an Ihrem Vorgesetzten am meisten?						
Was könnte Ihr Vorgesetzter noch besser machen?						
Bemerkungen						

Prinzipiell können die Beurteilungen, wie oben besprochen, durch eine *Nutzwert-Analyse* (s. Tab. 4.3) oder durch eine *Bewertungs-Spinne* (s. Abb. 4.3) erfolgen. Dazu müssen die entsprechenden Beurteilungskriterien festgelegt werden. In Tab. 4.4 wird das Verhalten der Führungskräfte durch Schulnoten bewertet. Dieses Vorgehen kann auch, entsprechend angepasst, für die Mitarbeiterbeurteilung eingesetzt werden und die Auswertung auch grafisch durch eine Bewertungsspinne nach Abb. 4.3 ausgewertet werden.

4.6.2 Team-Design im Top-Management

Wichtig ist es, wenn die Vorstandsmitglieder *unterschiedliche Persönlichkeiten* mit anderen Stärken sind, wie dies in Abb. 4.4 im persolog®-Persönlichkeits-Profil *gestrichelt* eingezeichnet ist. So könnte man sich vorstellen, dass der Vorstand 1 mit

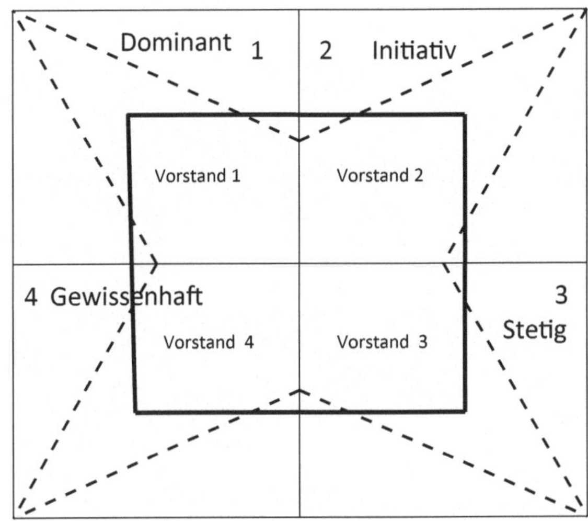

Abb. 4.4 Optimale Team-Zusammensetzung im Top-Management in Anlehnung an das persolog®-Persönlichkeits-Modell (eigene Darstellung)

seiner dominanten Persönlichkeit der Sprecher des Unternehmens ist und die Bereiche Marketing und Vertrieb verantwortet. Vorstand 2 könnte der Entwicklung und Kommunikation vorstehen, Vorstand 3 könnte für die Technik und Produktion verantwortlich sein und Vorstand 4 für das Rechnungswesen. Werden alle diese unterschiedlichen Stärken zum Wohle des Unternehmens eingesetzt, dann ergibt sich eine *gleichmäßige Gesamt-Stärke* (Quadrat in Abb. 4.4). Dies stellt ein sehr erfolgreiches Management-Team an der Spitze des Unternehmens dar. Wie bereits erwähnt, ist ein wichtiger Erfolgsfaktor die *Verhaltens-Diversität* im Top-Management. Es würde zu massiven Streitigkeiten kommen, wenn die Vorstände im Unternehmen alle die gleiche Persönlichkeitsstruktur hätten. Wichtig ist aber zu betonen, dass die unterschiedlichen Charaktere sich *gegenseitig schätzen* und alle Vorstände die Andersartigkeit der Kollegen als gleichwertig und wertvoll anerkennen.

Personalfluktuation 5

Es kommt vor, dass Mitarbeiter oder auch Top-Manager das Unternehmen verlassen. Das hat verschiedene Gründe: Alters- oder krankheitsbedingte Abgänge, Kündigung der Mitarbeiter aus eigenem Antrieb oder aber Kündigungen von Seiten des Unternehmens. Allen Mitarbeitern, die das Unternehmen verlassen, sollte ein würdiger Abgang gewährt werden. Sie sollen gut über ihr bisheriges Unternehmen denken und reden und somit auch ein positiver Botschafter des Unternehmens bleiben.

5.1 Krankheitsbegingter Abgang und Pensionierung

Bei krankheitsbedingten Abgängen ist zu fragen, welche *Ursachen* die Krankheiten haben und ob diese Krankheiten durch Vorsorgemaßnahmen des Unternehmens hätten verhindert werden können. Die Zunahme von *psychischen Erkrankungen* ist insofern besorgniserregend, weil sie einen Eindruck vermitteln, dass die Mitarbeiter unter großem Stress stehen, wenig Wertschätzung erfahren und in ihrer Tätigkeit überfordert werden. Deshalb sind *Mitarbeiterbewertungen* nach Tab. 4.4 wichtig, um diese Ursachen rechtzeitig zu erkennen und entsprechend gegensteuern zu können.

Verdiente Mitarbeiter in den Ruhestand zu verabschieden, ist eine wichtige Aufgabe der Unternehmensführung. Es gilt nicht nur, „Danke" zu sagen für viele Jahre des Einsatzes für das Unternehmen. Im Rahmen der demografischen Entwicklung sind vor allem ältere Arbeitnehmer für bestimmte Aufgaben wieder einsetzbar und rückholbar. Sie haben einen *reichen Erfahrungsschatz*, sind in der Regel sehr *belastungsfähig* und haben *keine Karriereambitionen* mehr. Besonders effizient und erfolgversprechend ist die Zusammenarbeit zwischen jungen dynamischen Mitarbeitern und erfahrenen älteren. Es ist auch anzuraten, in Abständen Pensionsfeiern anzusetzen und diese Netzwerke zum Wohle des Unternehmens zu nutzen.

E. Hering, *Personalmanagement für Ingenieure*, essentials,
DOI 10.1007/978-3-658-04908-9_5, © Springer Fachmedien Wiesbaden 2014

Pensionäre sind, auch wenn sie nicht mehr für das Unternehmen tätig sind, wegen ihrer vielen Beziehungen und Netzwerke unschätzbare *positive Botschafter* und ein *latentes Humankapital* für das Unternehmen.

5.2 Kündigung durch den Beschäftigten

Wenn Mitarbeiter aus freien Stücken kündigen, dann kann das verschiedene Ursachen haben. Es kann ihnen die Arbeit nicht zusagen, sie spüren keine Wertschätzung oder ihre Arbeit wird nicht gewürdigt. Es kann aber auch sein, dass das Unternehmen keine Möglichkeiten hat, dem Mitarbeiter positive Perspektiven für seine zukünftige Karriere zu geben. Mitarbeiter, die kündigen, sollten von ihrem Unternehmen, das sie verlassen, in *allen Ehren* und mit *hoher Wertschätzung* verabschiedet werden. Sie sollen das Gefühl haben, dass sie für die Zeit im Unternehmen wertvolle Persönlichkeiten waren. Solche Abschiedsfeiern bleiben diesen Mitarbeitern im Gedächtnis und beeinflussen die Sympathie mit dem Unternehmen, das sie verlassen.

5.3 Kündigung durch das Unternehmen

Es kann sein, dass das Unternehmen aus *wirtschaftlichen Gründen* Mitarbeiter entlassen muss. Dies sollte unbedingt *klar* und *transparent* vermittelt werden. Diesen Mitarbeitern sollte Hilfe geboten werden, wieder neue Arbeit zu finden.

Mitarbeiter können auch gekündigt werden, wenn sie die *gesteckten Ziele* des Unternehmens wiederholt nicht erreichen oder eine *Persönlichkeit* darstellen, die *nicht* in die *Kultur* des Unternehmens passt. Auch für diese Mitarbeitern muss ein fairer und wohlwollender Abschied stattfinden. Sie sind in einer emotional aufgewühlten Situation, die sich gegen das Unternehmen richtet. Deshalb ist es umso wichtiger, sich von diesen Personen wertschätzend zu trennen, um ein positives Bild vom Unternehmen zurückzulassen.

Literatur

Asendorpf, J.: Psychologie der Persönlichkeit, 4. Aufl. Springer Verlag, Heidelberg (2007)

Berthel, J., Becker, F.G.: Personal-Management: Grundzüge für Konzeptionen betrieblicher Personalarbeit. Schäffer-Poeschel, Stuttgart (2013)

Gamm, F.: Verhandlungen gewinnt man im Kopf, 2. Aufl. Redline Verlag, München (2013)

Hering, E.: Controlling für Ingenieure. Springer Essential, Springer Verlag, Heidelberg (2014a)

Hering, E.: Personalmanagement für Ingenieure. Springer Essential, Springer Verlag, Heidelberg (2014b)

Hering, E., Draeger, W.: Handbuch Betriebswirtschaft für Ingenieure, 3. Aufl. Springer Verlag, Heidelberg (2000)

Holtbrügge, D.: Personalmanagement. Springer, Verlag, Heidelberg (2012)

Knoblauch, J.: Die Personal falle. Campus Verlag, Frankfurt /Main (2010)

Knoblauch, J.: Die Chef-Falle. Campus Verlag, Frankfurt /Main (2013)

Kolb, M., Burkrat, B., Zundel, F.:Personalmanagement: Grundlagen und Praxis des Human Resources Managements. Gabler Verlag, Wiesbaden (2010)

Lake, S.: Universum Top 100. Die Ergebnisse der deutschen Student Survey. Communication Verlag, Köln (2013)

Lindner-Lohmann, D., Lohmann, F., Schirmer, U.: Personalmanagement. Springer Gabler, Gabler Verlag Wiesbaden (2012)

Nicolai, C.: Personalmanagement. URB Verlag, Stuttgart (2009)

Olfert, K.: Personalwirtschaft. Kiehl Verlag, Herne (2012)

Scholz, C.: Persolamanagement: Informationsonrientierte und verhaltenstheoretische Grundlagen. Vahlen Verlag, München (2013)

Seiwert, L., Gay, F.: Das 1 × 1 der Persönlichkeit, 21. Aufl. Verlag persolog, Remchingen (2013)

Simon, W.: Persönlichkeitsmodelle und Persönlichkeitstests. Gabal Verlag, Wiesbaden (2006)

E. Hering, *Personalmanagement für Ingenieure,* essentials,
DOI 10.1007/978-3-658-04908-9 © Springer Fachmedien Wiesbaden 2014